1年生で ならった たし算

1年生で ならった たし算の ふくしゅうだよ。
くり上がりの ある たし算は, あと いくつで
10に なるかを 考えるんだったね。

1 たし算を しましょう。

① 3 + 2 = 5

② 6 + 1

③ 7 + 2

④ 2 + 8

⑤ 4 + 6

⑥ 8 + 0

⑦ 10 + 5

⑧ 10 + 9

⑨ 14 + 4

⑩ 12 + 3

⑪ 11 + 6

⑫ 15 + 1

⑬ 4 + 8

⑭ 8 + 5

⑮ 2 + 9

⑯ 7 + 6

⑰ 8 + 7

⑱ 8 + 9

⑲ 5 + 6

⑳ 9 + 7

㉑ 6 + 6

㉒ 9 + 5

1

2 たし算を しましょう。

① 3+2+4=9　　② 4+1+5　　③ 7+3+2

④ 8+2+7　　⑤ 30+20　　⑥ 60+40

⑦ 40+5　　⑧ 80+7　　⑨ 53+4

⑩ 67+2　　⑪ 21+7　　⑫ 94+5

テストに出る
うんこ

いつか この 目で 見てみたい！

大自然が 生んだ うんこ

ながれおちる　うんこの　どはく力！

「うんこの 滝」
unko no taki

今日のせいせき
まちがいが

0~2こ
よくできたね!

3~5こ
できたね

6こ~
がんばれ

😐 一のくらいは 一のくらいどうし, 十のくらいは 十のくらいどうしで それぞれ 計算を するよ。

1 26+13の ひっ算の しかたを 考えます。

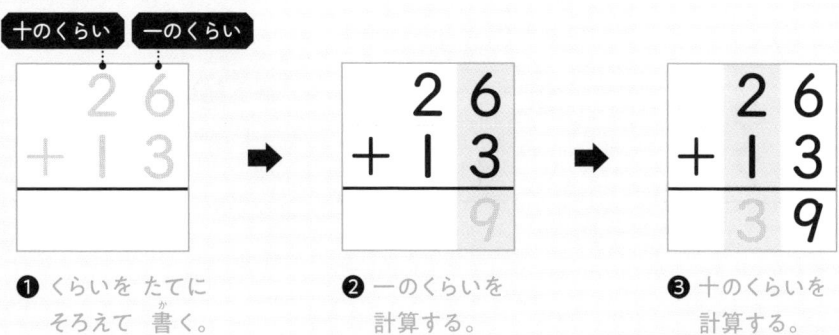

十のくらい　一のくらい

```
  2 6
+ 1 3
```

➡

```
  2 6
+ 1 3
    9
```

➡

```
  2 6
+ 1 3
  3 9
```

❶ くらいを たてに そろえて 書く。

❷ 一のくらいを 計算する。

❸ 十のくらいを 計算する。

2 ひっ算を しましょう。

①
```
  5 2
+ 3 4
  8 6
```

②
```
  2 1
+ 6 7
```

③
```
  4 4
+ 5 0
```

④
```
  7 6
+ 2 1
```

⑤
```
  3 2
+ 3 1
```

⑥
```
  6 0
+   5
```

⑦
```
  2 2
+   3
```

⑧
```
    6
+ 3 2
```

⑨
```
    4
+ 4 1
```

3 ひっ算を しましょう。

①
```
  3 1
+ 4 3
-----
  7 4
```

②
```
  1 4
+ 2 5
-----
```

③
```
  9 6
+   2
-----
```

④
```
  5 3
+ 2 2
-----
```

⑤
```
  7 2
+ 1 3
-----
```

⑥
```
  2 0
+ 3 7
-----
```

⑦
```
    6
+ 7 0
-----
```

⑧
```
  3 5
+ 6 1
-----
```

⑨
```
    3
+ 9 2
-----
```

うんこ文章題に チャレンジ！ 1

朝れい台に うんこを おいて おいたら、人が どんどん あつまりました。
男の人が 23人、女の人が 34人 います。
みんなで 何人 いますか。

ひっ算

しき

答え _____ 人

3 くり上がりの ない たし算の ひっ算②

💩 くらいを そろえて 書いて,一のくらいから じゅん番に 計算する ことを わすれないでね。

1 ひっ算で しましょう。

① 42+53

```
  4 2
+ 5 3
```

② 63+24

③ 26+33

④ 12+45

⑤ 30+62

⑥ 18+51

⑦ 4+63

ひっ算は,くらいごとに たてに そろえて 書くのじゃ。

×
```
    4
+ 6 3
```

○
```
    4
+ 6 3
```

⑧ 2+41

⑨ 55+42

⑩ 23+16

⑪ 54+5

⑫ 83+15

⑬ 90+8

2 ひっ算で しましょう。

①51＋43　②46＋3　③23＋24　④32＋15　⑤62＋17

```
  5 1
＋ 4 3
```

⑥5＋82　⑦5＋80　⑧43＋22　⑨41＋38

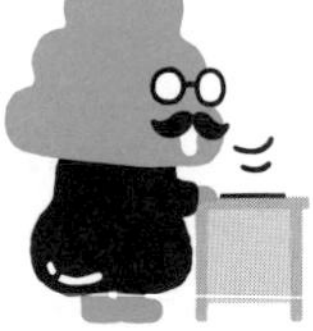

大自然が 生んだ うんこ 2

いつか この 目で 見てみたい！

その うつくしさは せかいで いちばん！

「うんこ湖」
unko ko

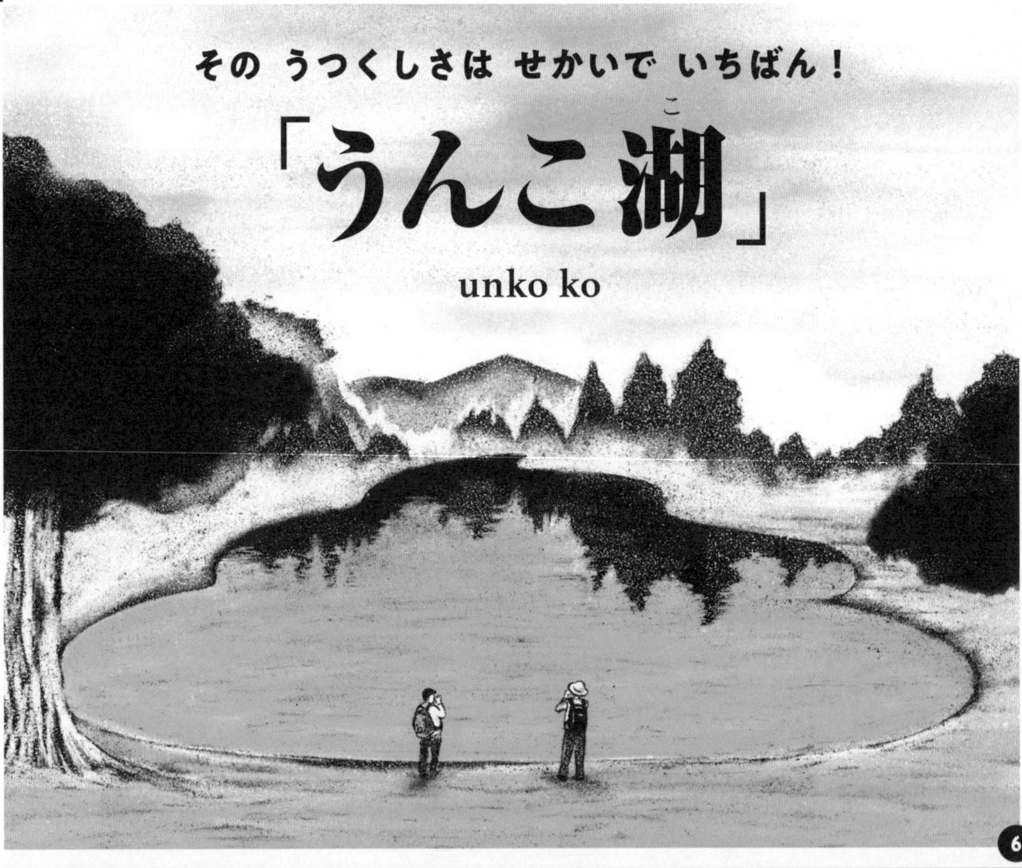

くり上がりの ある たし算の ひっ算①

今日のせいせき
まちがいが

0〜2こ
よくできたね!

3〜5こ
できたね

6こ〜
がんばれ

一のくらいの たし算で くり上がりの ある ひっ算だよ。
くり上げた 1を わすれないように しよう。

1 38＋25の ひっ算の しかたを 考えます。

❶ くらいを たてに そろえて 書く。

❷ 一のくらいを 計算する。 十のくらいに 1 くり上げる。

❸ くり上げた 1を わすれずに たして, 十のくらいを 計算する。

2 ひっ算を しましょう。

①
```
  1 5
+ 3 6
─────
  5 1
```

②
```
  2 7
+ 4 7
─────
```

③
```
  4 2
+ 3 9
─────
```

④
```
  5 6
+ 2 8
─────
```

⑤
```
  4 9
+ 1 9
─────
```

⑥
```
  7 3
+ 1 8
─────
```

⑦
```
  3 8
+   5
─────
```

⑧
```
  4 4
+   7
─────
```

⑨
```
    9
+ 6 8
─────
```

3 ひっ算を しましょう。

①
```
   47
 +45
 ‾‾‾‾
   92
```

②
```
   38
 +  9
 ‾‾‾‾
```

③
```
   18
 +66
 ‾‾‾‾
```

④
```
   29
 +43
 ‾‾‾‾
```

⑤
```
    7
 +26
 ‾‾‾‾
```

⑥
```
   29
 +32
 ‾‾‾‾
```

⑦
```
   78
 +19
 ‾‾‾‾
```

⑧
```
   17
 +38
 ‾‾‾‾
```

⑨
```
    3
 +88
 ‾‾‾‾
```

うんこ文章題に
チャレンジ!
2

ガチガチに かためた うんこを,
野きゅうせん手が バットで 39回
たたきました。さらに, テニスの せん手が
ラケットで 27回 たたきました。
ぜんぶで 何回 うんこを たたきましたか。

ひっ算

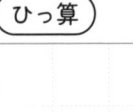

しき

答え _____ 回

5 くり上がりの ある たし算の ひっ算②

くり上げた 1は わすれないように, 小さく 書いて おくと いいよ。

1 ひっ算で しましょう。

① 27＋35

```
  2 7
＋ 3 5
```

② 55＋29

③ 6＋36

④ 43＋27

一のくらいの 計算の 答えが 10の ときは, 十のくらいに 1 くり上げて, 一のくらいに 0を 書くのじゃ。

```
  4 3
＋ 2 7
    0
```

⑤ 65＋28

⑥ 59＋1

⑦ 46＋46

⑧ 26＋58

⑨ 41＋29

⑩ 14＋76

⑪ 69＋13

⑫ 55＋7

⑬ 44＋37

2 ひっ算で しましょう。

① 48＋16　② 25＋6　③ 54＋36　④ 2＋79　⑤ 33＋28

```
  4 8
＋ 1 6
───────
```

⑥ 15＋69　⑦ 8＋42　⑧ 32＋39　⑨ 67＋13

テストに出るうんこ

大自然が 生んだ うんこ 3

いつか この 目で 見てみたい！

きょ大な うんこの 中を たんけん！

「うんこの どうくつ」
unko no doukutsu

くり上がりの ある たし算の ひっ算③

今日のせいせき
まちがいが

0~2こ
よくできたね!
3~5こ
できたね

6こ~
がんばれ

ひっ算を する ときは，くらいを たてに そろえて 書く ことを わすれずにね。

1 ひっ算を しましょう。

①
```
  2 9
+ 6 2
```

②
```
  4 8
+ 1 4
```

③
```
  3 7
+ 3 8
```

④
```
  1 9
+ 7 7
```

⑤
```
  5 1
+ 2 9
```

⑥
```
  4 4
+   8
```

2 ひっ算で しましょう。

① 47＋24

② 18＋62

③ 27＋29

④ 57＋26

⑤ 39＋35

⑥ 74＋17

⑦ 34＋16

⑧ 87＋6

⑨ 9＋51

うんこ先生からの ちょうせんじょう 1

~ う・ん・こ に あてはまる 数は?~

う・ん・こ には,それぞれ 1から 9の 数が 入るよ。
下の 3つの しきから 考えて みよう。

> さいしょの しきでは,同じ 数が 3つで 18じゃから, う に あてはまる 数は……。

$$う + う + う = 18$$

$$う + こ + こ = 14$$

$$う + ん + こ = 17$$

↓

あてはまる 数は, う には ☐,

ん には ☐, こ には ☐。

7 かくにんテスト 1

今日のせいせき
まちがいが
- 0~2こ よくできたね!
- 3~5こ できたね
- 6こ～ がんばれ

てん
点

---

1 答えが 80より 大きく なる しきを
すべて えらんで, 記ごうを 書きましょう。
〈ぜんぶ できて 10点〉

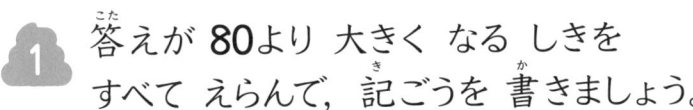

ⓐ 19+63　　ⓘ 24+47　　ⓤ 35+46

ⓔ 68+11　　ⓞ 29+50　　ⓚ 44+41

ⓚ 56+23　　ⓦ 61+25　　ⓔ 31+39

---

2 ひっ算を しましょう。
〈1つ 3点〉

```
①    6 3      ②      8      ③    1 4
   + 1 2         + 5 1         + 7 3
```

```
④    7 6      ⑤    1 7      ⑥    5 9
   + 2 3         + 2 6         + 2 2
```

```
⑦    3 5      ⑧    6 7      ⑨      5
   + 3 5         + 2 9         + 4 8
```

13

3 ひっ算で しましょう。

〈1つ 3点〉

① 12＋22

② 51＋36

③ 26＋67

④ 48＋34

⑤ 13＋27

⑥ 3＋34

⑦ 23＋54

⑧ 57＋34

⑨ 68＋8

⑩ 6＋86

⑪ 74＋14

⑫ 17＋49

4 つぎの 絵に あう 「大自然が 生んだ うんこ」は どれですか。

〈27点〉

あ うんこの どうくつ

い うんこの 滝

う うんこ湖

14

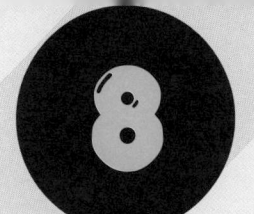

100を こえる 数

今日のせいせき
まちがいが
0~2こ よくできたね!
3~5こ できたね
6こ~ がんばれ

1000までの 数を 知ろう。100が いくつ, 10が いくつ, 1が いくつかを 考えると イメージしやすいよ。

1 □に あう 数を 書きましょう。

① 297 〔　　〕 299 〔　　〕 301

② 350 〔　　〕 450 500 〔　　〕

③ 〔　　〕 700 800 900 〔　　〕

④ 100を 5こ, 10を 3こ, 1を 2こ
あわせた 数は, 〔　　　　〕です。

⑤ 10を 34こ あつめた 数は, 〔　　　　〕です。

⑥ 100を 10こ あつめた 数は, 〔　　　　〕です。

2 620に ついて, □に あう 数を 書きましょう。

① 620は, 〔　　　　〕と 20を あわせた 数です。

② 620は, 700より 〔　　　〕 小さい 数です。

③ 620は, 10を 〔　　　〕こ あつめた 数です。

3 たし算を しましょう。

① 70＋40 ＝ 110　　　② 60＋70

③ 30＋80　　　　　　④ 90＋60

⑤ 80＋70　　　　　　⑥ 90＋90

4 たし算を しましょう。

① 200＋5　　　　　　② 300＋200

③ 600＋300　　　　　④ 800＋60

⑤ 500＋500　　　　　⑥ 700＋90

⑦ 300＋2　　　　　　⑧ 800＋200

うんこ文章題に
チャレンジ！
3

　けんすけくんは，本を 2さつ 読みました。
「青春うんこ日記」は 200ページ,
「わがはいは うんこである」は 500ページ あります。
あわせて 何ページ 読みましたか。

しき

答え＿＿＿＿＿＿＿　ページ

十のくらいが くり上がる たし算の ひっ算①

今日のせいせき
まちがいが

😌 **0~2こ**
よくできたね!

😐 **3~5こ**
できたね

😣 **6こ~**
がんばれ

💩 十のくらいが くり上がる ひっ算だよ。くり上がった 1を 百のくらいに わすれずに 書こう。

---

1 74+52の ひっ算の しかたを 考えます。

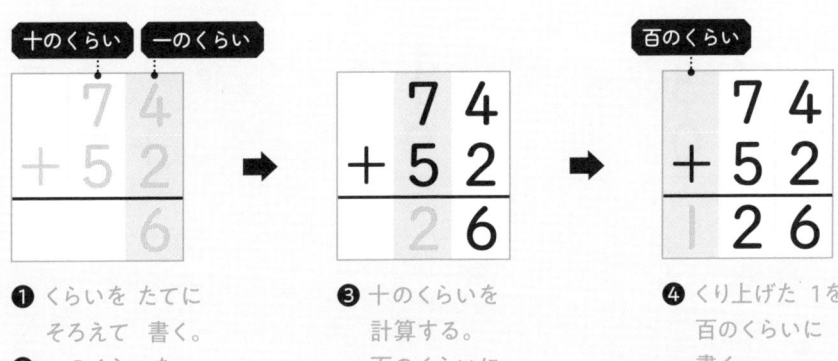

十のくらい 一のくらい

$$\begin{array}{r} 7\ 4 \\ +\ 5\ 2 \\ \hline 6 \end{array}$$

➡

$$\begin{array}{r} 7\ 4 \\ +\ 5\ 2 \\ \hline 2\ 6 \end{array}$$

➡ 百のくらい

$$\begin{array}{r} 7\ 4 \\ +\ 5\ 2 \\ \hline 1\ 2\ 6 \end{array}$$

❶ くらいを たてに そろえて 書く。
❷ 一のくらいを 計算する。

❸ 十のくらいを 計算する。百のくらいに 1 くり上げる。

❹ くり上げた 1を 百のくらいに 書く。

---

2 ひっ算を しましょう。

①
$$\begin{array}{r} 1\ 2 \\ +\ 9\ 3 \\ \hline 1\ 0\ 5 \end{array}$$

②
$$\begin{array}{r} 6\ 1 \\ +\ 7\ 5 \\ \hline \end{array}$$

③
$$\begin{array}{r} 5\ 6 \\ +\ 6\ 2 \\ \hline \end{array}$$

④
$$\begin{array}{r} 9\ 5 \\ +\ 6\ 4 \\ \hline \end{array}$$

⑤
$$\begin{array}{r} 8\ 7 \\ +\ 4\ 0 \\ \hline \end{array}$$

⑥
$$\begin{array}{r} 3\ 4 \\ +\ 7\ 2 \\ \hline \end{array}$$

⑦
$$\begin{array}{r} 9\ 3 \\ +\ 5\ 0 \\ \hline \end{array}$$

⑧
$$\begin{array}{r} 2\ 0 \\ +\ 8\ 8 \\ \hline \end{array}$$

⑨
$$\begin{array}{r} 4\ 2 \\ +\ 8\ 7 \\ \hline \end{array}$$

3 ひっ算を しましょう。

①
```
    4 5
 + 8 3
 ─────
   1 2 8
```

②
```
    2 3
 + 9 6
 ─────
```

③
```
    5 5
 + 9 2
 ─────
```

④
```
    6 3
 + 6 0
 ─────
```

⑤
```
    1 8
 + 9 1
 ─────
```

⑥
```
    2 5
 + 8 3
 ─────
```

⑦
```
    5 2
 + 9 7
 ─────
```

⑧
```
    7 0
 + 8 4
 ─────
```

⑨
```
    9 4
 + 3 3
 ─────
```

うんこ文章題に
チャレンジ！
4

「校長先生が うんこを 見せて くれる」
と いう うわさが ながれて, 校長室の 前
に 64人が ならんで います。さらに 55人
ふえました。ならんで いるのは,
みんなで 何人に なりましたか。

ひっ算

しき

答え ＿＿＿＿＿＿ 人

18

10 十のくらいが くり上がる たし算の ひっ算②

今日のせいせき
まちがいが
0~2こ よくできたね!
3~5こ できたね
6こ~ がんばれ

まちがえた ひっ算は, できるように なるまで 何ども やり直そう。

1 ひっ算で しましょう。

① 42＋76

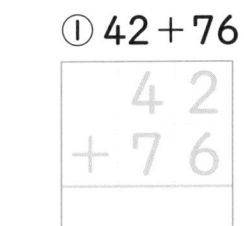

十のくらいの 計算で くり上がった 1を, 百のくらいに 書く ことを わすれないように するのじゃぞ。

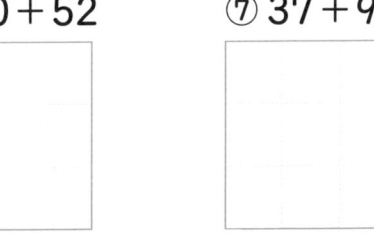

百のくらい

```
   4 2
+  7 6
   1 1 8
```

② 91＋30

③ 26＋82

④ 62＋85

⑤ 54＋53

⑥ 60＋52

⑦ 37＋91

⑧ 86＋50

⑨ 14＋92

⑩ 43＋96

⑪ 34＋81

⑫ 90＋97

⑬ 83＋75

2 ひっ算で しましょう。

① 52＋71

```
  5 2
+ 7 1
-----
```

② 42＋65

③ 96＋70

④ 46＋73

⑤ 90＋84

⑥ 33＋95

⑦ 75＋60

⑧ 84＋32

⑨ 16＋93

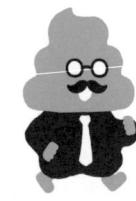

テストに出るうんこ

大自然が 生んだ うんこ 4

いつか この 目で 見てみたい！

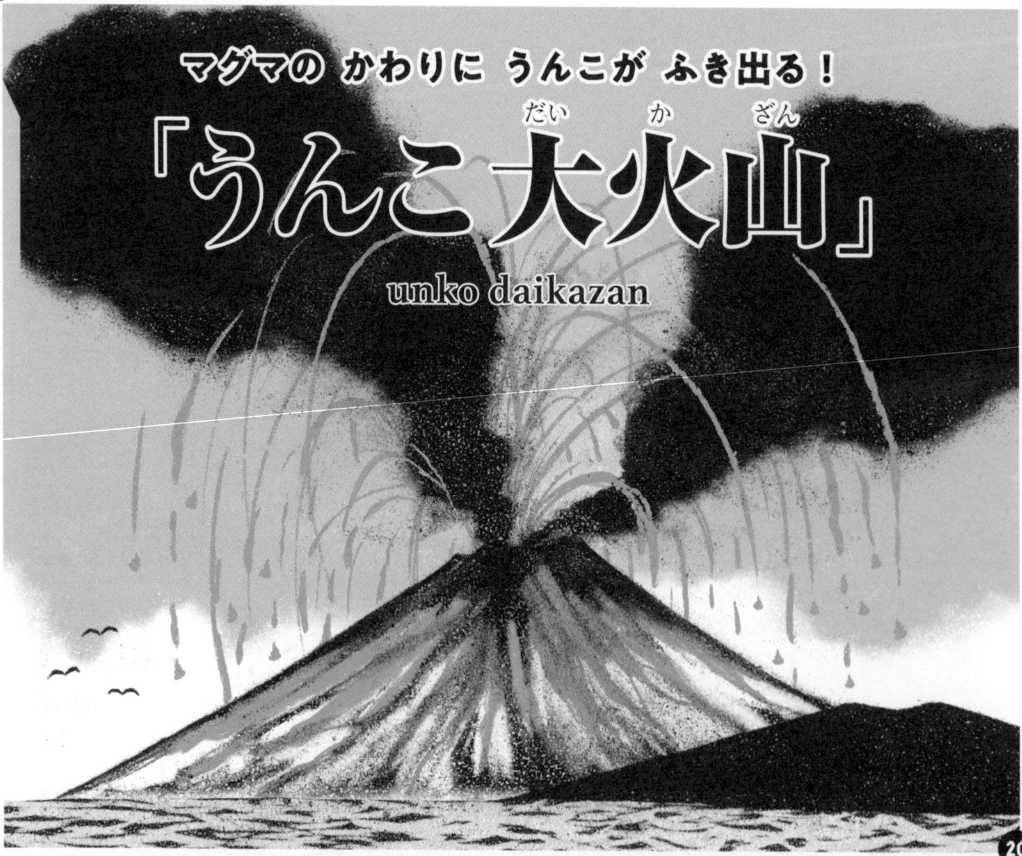
マグマの かわりに うんこが ふき出る！
「うんこ大火山」
unko daikazan

くり上がりが 2回 ある たし算の ひっ算①

💩 一のくらいと 十のくらいが くり上がる たし算の ひっ算だよ。くり上がった 数を わすれないようにね。

☁1 67+58の ひっ算の しかたを 考えます。

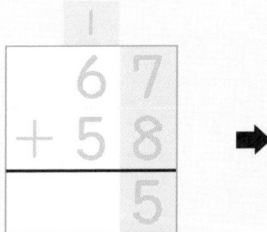 ➡  ➡ 百のくらい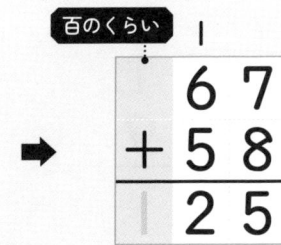

❶ くらいを たてに そろえて 書く。

❷ 一のくらいを 計算する。

❸ くり上げた 1を わすれずに たして, 十のくらいを 計算する。

❹ くり上げた 1を 百のくらいに 書く。

☁2 ひっ算を しましょう。

①
```
   1 5
+  9 7
─────
 1 1 2
```

②
```
   3 6
+  8 8
─────
```

③
```
   7 8
+  5 9
─────
```

④
```
   5 7
+  7 8
─────
```

⑤
```
   6 4
+  3 9
─────
```

⑥
```
   8 1
+  2 9
─────
```

⑦
```
   9 3
+  8 7
─────
```

⑧
```
   7 6
+  7 5
─────
```

⑨
```
   9 7
+    5
─────
```

3 ひっ算を しましょう。

①
```
   2 6
 + 9 4
 ─────
 1 2 0
```

②
```
   5 6
 + 8 5
 ─────
```

③
```
   7 8
 + 4 4
 ─────
```

④
```
     1
 + 9 9
 ─────
```

⑤
```
   4 9
 + 7 2
 ─────
```

⑥
```
   3 6
 + 6 4
 ─────
```

⑦
```
   5 4
 + 8 9
 ─────
```

⑧
```
   9 9
 +   9
 ─────
```

⑨
```
   6 8
 + 9 6
 ─────
```

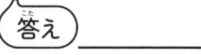 うんこ文章題に チャレンジ！ 5

お父さんの うんこを 木に つるして おいたら，ハトが 48羽，カラスが 67羽 あつまって きました。あわせて 何羽の 鳥が あつまって きましたか。

ひっ算

しき

答え _____ 羽

12

くり上がりが 2回 ある たし算の ひっ算②

くり上がりが つづいても，くり上がった 1を わすれずに，くらいごとに 計算しよう。

1 ひっ算で しましょう。

① 92＋29

> **くり上げた 1**
>
> くり上げた 1は わすれないように，書いて おくのじゃ。
>
> ```
>   9 2
> + 2 9
>     1
> ```

② 53＋69

③ 94＋97

④ 17＋89

⑤ 4＋99

⑥ 33＋77

⑦ 78＋96

⑧ 45＋68

⑨ 87＋13

⑩ 73＋68

⑪ 56＋75

⑫ 97＋27

⑬ 76＋69

2 ひっ算で　しましょう。

① 86＋26

　86
＋26

② 49＋58

③ 13＋98

④ 71＋59

⑤ 99＋2

⑥ 58＋97

⑦ 16＋95

⑧ 64＋96

⑨ 9＋99

テストに出るうんこ

大自然が 生んだ うんこ

いつか この 目で 見てみたい！

5

海の そこに ねむる！
「海てい ジャンボうんこ」
kaitei janbo unko

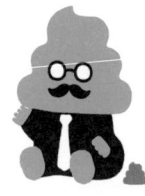

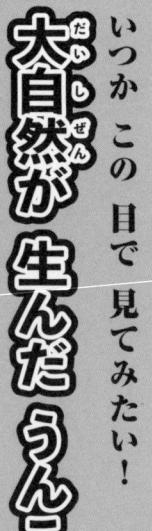

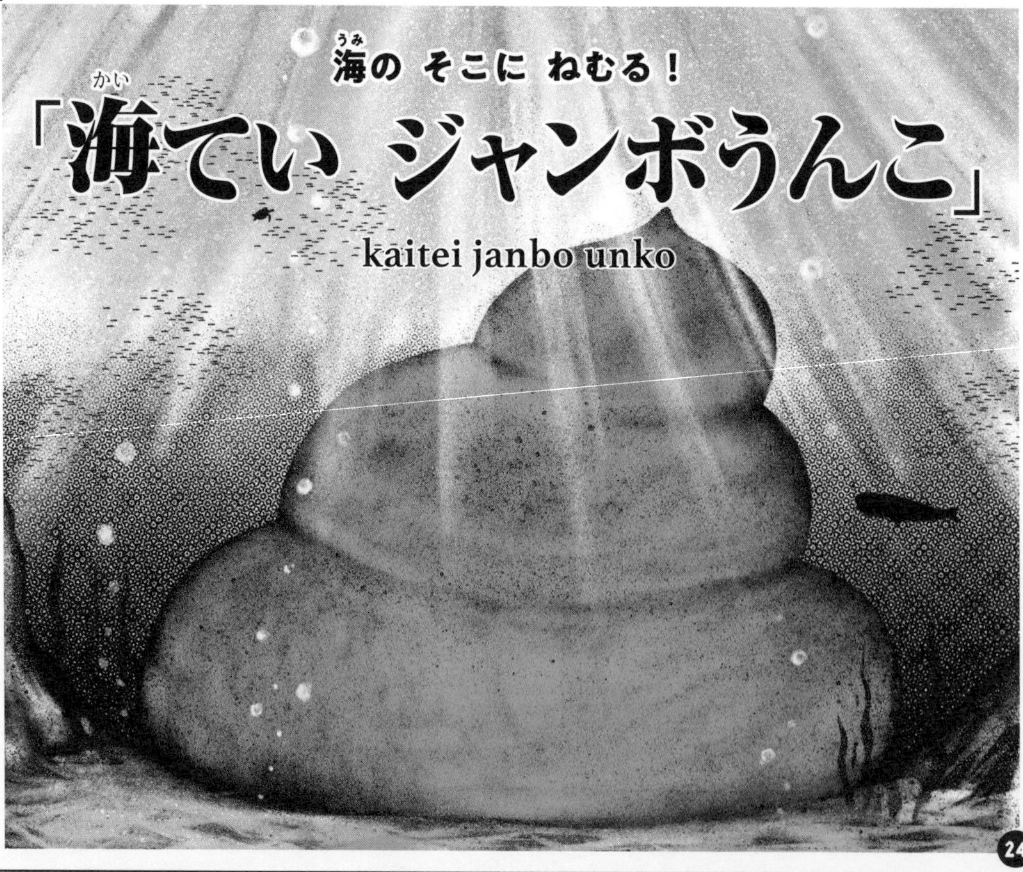

13

くり上がりが 2回 ある たし算の ひっ算③

まちがえた ひっ算は，できるように なるまで 何ども やり直そう。

1 ひっ算を しましょう。

```
①   7 3        ②   7 4        ③   4 7
   +3 8           +8 9           +9 5
   ‾‾‾‾‾
```

```
④   5 9        ⑤   8 5        ⑥   9 4
   +4 6           +6 7           +  8
```

2 ひっ算で しましょう。

① 62＋79

```
  6 2
+ 7 9
‾‾‾‾‾
```

② 46＋88

③ 99＋7

④ 28＋96

⑤ 57＋48

⑥ 59＋74

⑦ 9＋94

⑧ 65＋97

⑨ 86＋49

25

うんこ先生からの
ちょうせんじょう2

~どんな 顔(かお)?~

うんこ先生に いろいろな ものを たすとどう なるかな?
下の ⓐ～ⓒから えらんで, ▢に 書(か)こう。

① 😎 ＋ いかり ＝ ▢

② 😎 ＋ かなしみ ＝ ▢

どれに なるかな?

ⓐ　　　ⓘ　　　ⓒ

ⓐ～ⓒは, わしに 何(なに)を
たした 顔かな?

14 3けたの 数の たし算の ひっ算①

今日のせいせき
まちがいが

0~2こ
よくできたね!

3~5こ
できたね

6こ~
がんばれ

3けたの 数の ひっ算も，今までと やり方は 同じだよ。
百のくらいに 答えを 書く ことを わすれないようにね。

---

1 247+21の ひっ算の しかたを 考えます。

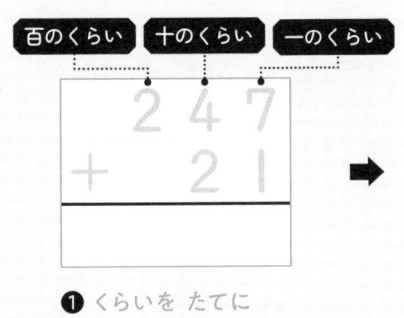

```
百のくらい  十のくらい  一のくらい
      2    4    7
  +        2    1
```
➡
```
      2    4    7
  +        2    1
      2    6    8
```

❶ くらいを たてに
そろえて 書く。

❷ 一のくらいから
くらいごとに 計算する。
百のくらいに 2を 書く。

---

2 ひっ算を しましょう。

①
```
  4 1 2
+   5 3
  4 6 5
```

②
```
  8 3 6
+   4 7
```

③
```
  5 6 4
+   2 7
```

④
```
    6 3
+ 7 2 4
```

⑤
```
    2 8
+ 9 0 5
```

⑥
```
  6 1 2
+     8
```

3 ひっ算を しましょう。

①
```
  1 2 4
+   5 1
───────
  1 7 5
```

②
```
  3 5 6
+   2 5
───────
```

③
```
  4 1 9
+   3 8
───────
```

④
```
  7 3 2
+     6
───────
```

⑤
```
    4 1
+ 2 4 0
───────
```

⑥
```
  8 6 3
+     7
───────
```

うんこ文章題に
チャレンジ！
6

うんこショップで 719円の うんこを 買いました。さいふの 中には，あと 33円 あります。はじめに もっていた お金は 何円ですか。

ひっ算

しき

答え _____ 円

28

15 3けたの 数の たし算の ひっ算②

今日のせいせき
まちがいが

0~2こ よくできたね!

3~5こ できたね

6こ~ がんばれ

数が 大きく なっても, くらいを たてに そろえて 書き, くらいごとに 計算する ことを わすれずにね。

---

1 ひっ算で しましょう。

① 385＋12

```
  3 8 5
＋   1 2
```

② 427＋34

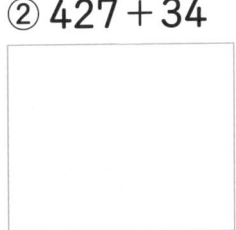

③ 703＋56

④ 5＋160

⑤ 536＋8

⑥ 841＋53

⑦ 268＋29

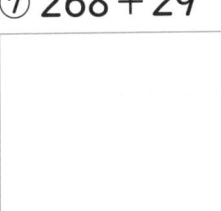

⑧ 6＋987

⑨ 425＋7

⑩ 635＋5

 **2** ひっ算で しましょう。

① 575＋21

```
  5 7 5
＋   2 1
```

② 433＋39

③ 26＋718

④ 9＋211

⑤ 52＋707

⑥ 669＋21

うんこ文章題に **チャレンジ！7**

権田原先生が, 足に おもい うんこを ぶら下げて, さか上がりを 923回 しました。その あと, さらに 68回 しました。ぜんぶで 何回 さか上がりを しましたか。

ひっ算

しき

答え ＿＿＿＿＿ 回

3けたの 数の たし算の ひっ算③

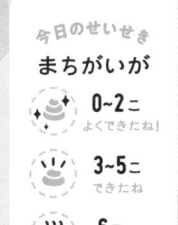

まちがえた ひっ算は，できるように なるまで 何ども やり直そう。

---

1 ひっ算で しましょう。

① 281＋17

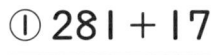

```
  2 8 1
+   1 7
```

② 659＋38

③ 713＋37

④ 8＋230

⑤ 924＋8

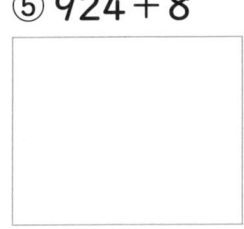

⑥ 201＋49

⑦ 570＋21

⑧ 35＋726

⑨ 805＋7

⑩ 332＋55

うんこ先生からの ちょうせんじょう 3

～計算しりとり～

計算の 答えを つぎの 計算の はじめに 書いて，しりとりを しよう。

$$\begin{array}{r} 2\,2 \\ +\ 3\,1 \\ \hline 5\,3 \end{array}$$

$$\begin{array}{r} 5\,3 \\ +\ 1\,4 \\ \hline \end{array}$$

$$\begin{array}{r} \\ +\ 1\,6 \\ \hline \end{array}$$

$$\begin{array}{r} \\ +\ 1\,8 \\ \hline \end{array}$$

$$\begin{array}{r} \\ +\ 2\,7 \\ \hline \end{array}$$

$$\begin{array}{r} \\ +\ 2\,2 \\ \hline 1\,5\,0 \end{array}$$

さい後の 答えを 150に できたかな？

32

17 かくにんテスト 2

今日のせいせき
まちがいが

0~2こ よくできたね！

3~5こ できたね

6こ～ がんばれ

てん
点

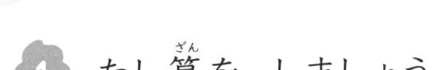

1 たし算を しましょう。 〈1つ 2点〉

① $40+90$

② $800+7$

③ $400+500$

④ $80+30$

⑤ $900+30$

⑥ $700+200$

⑦ $70+60$

⑧ $300+400$

⑨ $400+600$

⑩ $400+200$

2 ひっ算を しましょう。 〈1つ 3点〉

①
```
   32
 +93
```

②
```
   53
 +86
```

③
```
   46
 +57
```

④
```
   72
 +40
```

⑤
```
   98
 +34
```

⑥
```
   67
 +69
```

⑦
```
  624
 + 63
```

⑧
```
  301
 + 59
```

3 ひっ算で しましょう。

〈1つ 3点〉

① 61＋47

② 48＋73

③ 75＋89

④ 95＋97

⑤ 82＋33

⑥ 50＋59

⑦ 218＋81

⑧ 145＋35

⑨ 374＋4

⑩ 607＋56

4 つぎの「大自然が 生んだ うんこ」の名前を 書きましょう。

〈26点〉

答え 海てい ⌒⌒⌒⌒ うんこ

1000を こえる 数①

今日のせいせき
まちがいが
0~2こ よくできたね！
3~5こ できたね
6こ~ がんばれ

10000までの 数を 知ろう。100や 1000の まとまりで 考えると イメージしやすく なるよ。

1 下の 数の線を 見て，□に あう 数を 書きましょう。

① 3000 4000 ↓ 6000 7000 ↓ 9000 ↓

② 6500 7000 7500 ↓ 8500 9000 ↓ 10000

③ 9930 ↓ 9950 9960 ↓ 9980 ↓ 10000

2 □に あう 数を 書きましょう。

① 1000を 4こ，100を 5こ，10を 7こ，

1を 9こ あわせた 数は，□ です。

② 8065は，1000を □ こ，10を

□ こ，1を □ こ あわせた 数です。

③ 1000を 10こ あつめた 数は，

□ です。

3 5700に ついて，□に あう 数(かず)を 書(か)きましょう。

① 5700は，□と 700を あわせた 数です。

② 5700は，6000より □ 小さい数です。

③ 5700は，1000を □こと 100を □こ あわせた 数です。

④ 5700は，100を □こ あつめた 数です。

テストに出(で)るうんこ

大自然(だいしぜん)が 生んだ うんこ 6

いつか この 目で 見てみたい！

なぞの 生きものが いるとの うわさ……。

「ウンコウンコ島(とう)」

unko unko tou

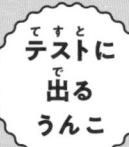

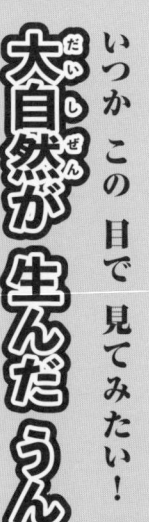

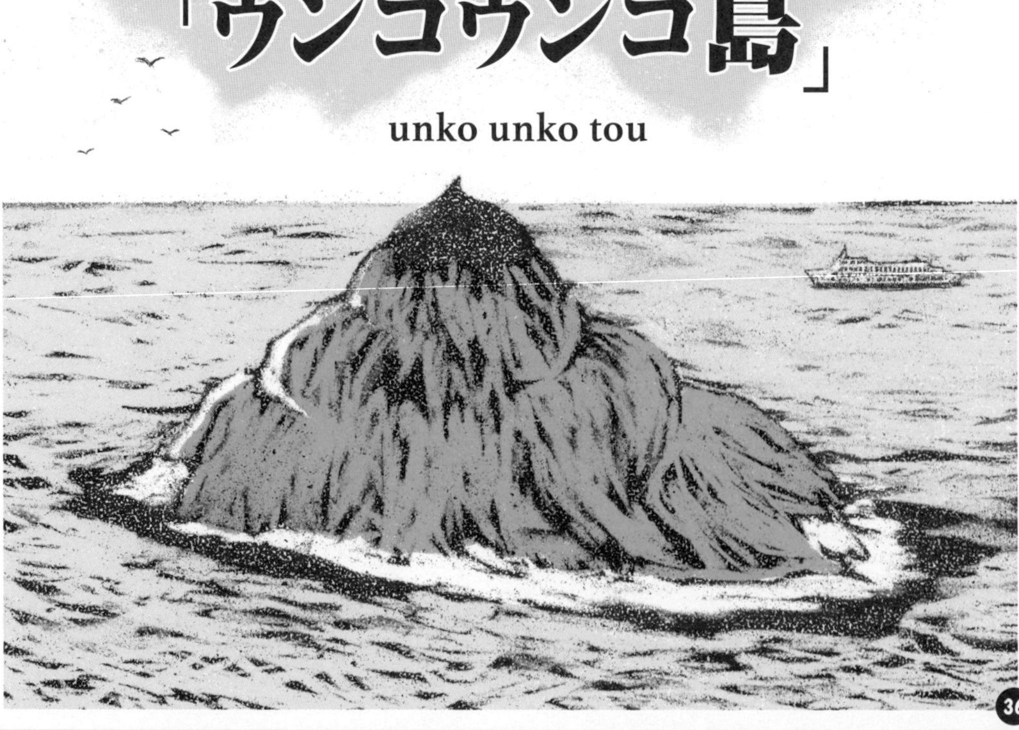

1000を こえる 数②

今日のせいせき
まちがいが
0~2こ よくできたね!
3~5こ できたね
6こ~ がんばれ

何百＋何百の 計算は，100を 1つの まとまりで 考えると わかりやすいよ。

1 0, 1, 2, 3, 4の 5まいの カードの 中から 4まいを つかって，つぎの 4けたの 数を 作りましょう。

※ただし，0の カードを 千のくらいに おく ことは できません。

① いちばん 大きい 数 ……

②2番目に 大きい 数 ……

③ いちばん 小さい 数 ……

④ 3000に いちばん 近い 数

2 たし算を しましょう。

① 600＋700

② 300＋900

③ 400＋800

④ 700＋500

⑤ 800＋800

⑥ 600＋900

⑦ 500＋600

⑧ 900＋900

⑨ 900＋400

⑩ 800＋600

うんこ先生からの ちょうせんじょう 4

~うんこけしゲーム~

うんこが たくさん おちて いる! この うんこは 2つ あわせて 100に すると けす ことが できるよ。うんこを すべて けそう。

れい

たてでも よこでも けせるぞい!

52	48	54	87	23
56	44	46	13	77
29	67	73	59	41
71	33	27	64	50
83	35	65	36	50
17	37	63	22	78

まとめテスト
2年生の たし算

てん
点

1 たし算を しましょう。

〈1つ 2点〉

① 50＋90

② 400＋6

③ 600＋60

④ 70＋80

⑤ 300＋500

⑥ 700＋900

⑦ 200＋600

⑧ 300＋800

2 ひっ算を しましょう。

〈1つ 2点〉

①
```
   4 3
＋  5 2
```

②
```
   3 8
＋  4 7
```

③
```
   6 5
＋  3 1
```

④
```
     2
＋  2 7
```

⑤
```
   5 8
＋  2 6
```

⑥
```
   7 2
＋  1 9
```

⑦
```
     9
＋  7 4
```

⑧
```
   8 2
＋  1 3
```

⑨
```
   5 9
＋  3 7
```

ひっ算を しましょう。

〈1つ 2点〉

①
```
   8 7
+  7 6
───────
```

②
```
   6 2
+  5 4
───────
```

③
```
   3 2
+  9 9
───────
```

④
```
   9 6
+    5
───────
```

⑤
```
   5 7
+  5 8
───────
```

⑥
```
   2 9
+  8 4
───────
```

⑦
```
     7
+  9 7
───────
```

⑧
```
   8 5
+  9 3
───────
```

⑨
```
   9 8
+  6 9
───────
```

⑩
```
   5 1 2
+      7
─────────
```

⑪
```
       5
+  6 2 9
─────────
```

⑫
```
   4 5 8
+    2 7
─────────
```

⑬
```
   8 7 4
+    1 8
─────────
```

4 つぎの うち,「大自然が 生んだ うんこシリーズ」に
出てこなかったのは どれですか。

〈40点〉

あ うんこ大火山

い ウンコウンコ島

う うんこの 大木

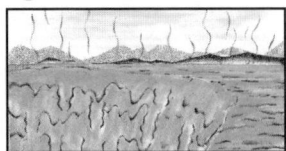
え うんこの 滝

答え

1ページ

1 1年生で ならった たし算

1年生で ならった たし算の ふくしゅうだよ。くり上がりの ある たし算は、あと いくつで 10に なるかを 考えるんだったね。

💩 たし算を しましょう。

① 3+2= 5
② 6+1= 7
③ 7+2= 9
④ 2+8= 10
⑤ 4+6= 10
⑥ 8+0= 8
⑦ 10+5= 15
⑧ 10+9= 19
⑨ 14+4= 18
⑩ 12+3= 15
⑪ 11+6= 17
⑫ 15+1= 16
⑬ 4+8= 12
⑭ 8+5= 13
⑮ 2+9= 11
⑯ 7+6= 13
⑰ 8+7= 15
⑱ 8+9= 17
⑲ 5+6= 11
⑳ 9+7= 16
㉑ 6+6= 12
㉒ 9+5= 14

2ページ

💩 たし算を しましょう。

① 3+2+4= 9
② 4+1+5= 10
③ 7+3+2= 12
④ 8+2+7= 17
⑤ 30+20= 50
⑥ 60+40= 100
⑦ 40+5= 45
⑧ 80+7= 87
⑨ 53+4= 57
⑩ 67+2= 69
⑪ 21+7= 28
⑫ 94+5= 99

いつか この 目で 見てみたい！ 大自然が 生んだ うんこ

テストに出るうんこ

ながれおちる うんこの どはく力！
「うんこの 滝」
unko no taki

3ページ

2 くり上がりの ない たし算の ひっ算①

一のくらいは 一のくらいどうし、十のくらいは 十のくらいどうしで それぞれ 計算する。

💩 26+13の ひっ算の しかたを 考えます。

```
十のくらい 一のくらい
  2 6        2 6        2 6
+ 1 3  ➡  + 1 3  ➡  + 1 3
             9        3 9
```
❶ くらいを たてに そろえて 書く。
❷ 一のくらいを 計算する。
❸ 十のくらいを 計算する。

💩 ひっ算を しましょう。

① 52+34= 86
② 21+67= 88
③ 44+50= 94
④ 76+21= 97
⑤ 32+31= 63
⑥ 60+5= 65
⑦ 22+3= 25
⑧ 6+32= 38
⑨ 4+41= 45

4ページ

💩 ひっ算を しましょう。

① 31+43= 74
② 14+25= 39
③ 96+2= 98
④ 53+22= 75
⑤ 72+13= 85
⑥ 20+37= 57
⑦ 6+70= 76
⑧ 35+61= 96
⑨ 3+92= 95

うんこ文章題に チャレンジ！ **1**

朝れい台に うんこを おいて おいたら、人が どんどん あつまりました。男の人が 23人、女の人が 34人 います。みんなで 何人 いますか。

ひっ算
```
  2 3
+ 3 4
  5 7
```

（しき）23＋34＝57

（答え）57人

答え

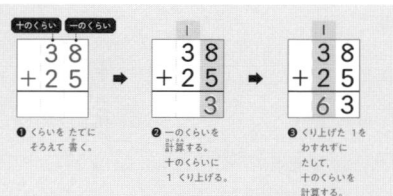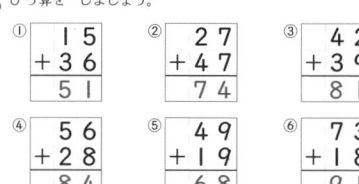

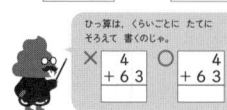

③ くり上がりの ない たし算の ひっ算②

今日のせいせき まちがいが
0〜2こ よくできたね！
3〜5こ できたね
6こ〜 がんばれ

くらいを そろえて 書いて、一のくらいから じゅん番に 計算する ことを わすれないでね。

1 ひっ算で しましょう。

① 42+53
```
  42
+ 53
  95
```
② 63+24
```
  63
+ 24
  87
```
③ 26+33
```
  26
+ 33
  59
```
④ 12+45
```
  12
+ 45
  57
```
⑤ 30+62
```
  30
+ 62
  92
```
⑥ 18+51
```
  18
+ 51
  69
```
⑦ 4+63
```
   4
+ 63
  67
```
ひっ算は、くらいごとに たてに そろえて 書くのじゃ。
```
×   4
  + 63
```
```
○    4
  + 63
```
⑧ 2+41
```
   2
+ 41
  43
```
⑨ 55+42
```
  55
+ 42
  97
```
⑩ 23+16
```
  23
+ 16
  39
```
⑪ 54+5
```
  54
+  5
  59
```
⑫ 83+15
```
  83
+ 15
  98
```
⑬ 90+8
```
  90
+  8
  98
```

⑤

2 ひっ算で しましょう。

① 51+43
```
  51
+ 43
  94
```
② 46+3
```
  46
+  3
  49
```
③ 23+24
```
  23
+ 24
  47
```
④ 32+15
```
  32
+ 15
  47
```
⑤ 62+17
```
  62
+ 17
  79
```
⑥ 5+82
```
   5
+ 82
  87
```
⑦ 5+80
```
   5
+ 80
  85
```
⑧ 43+22
```
  43
+ 22
  65
```
⑨ 41+38
```
  41
+ 38
  79
```

テストに出るうんこ

いっかこの 目で 見てみたい！
大自然が 生んだうんこ

その うつくしさは せかいで いちばん！
「うんこ湖」
unko ko

⑥

2

④ くり上がりの ある たし算の ひっ算①

今日のせいせき まちがいが
0〜2こ よくできたね！
3〜5こ できたね
6こ〜 がんばれ

一のくらいの たし算で くり上がりの ある ひっ算だよ。くり上げた 1を わすれないように しよう。

1 38+25の ひっ算の しかたを 考えます。

十のくらい 一のくらい
```
  38
+ 25
```
❶くらいを たてに そろえて 書く。
→
```
  38
+ 25
   3
```
❷一のくらいを 計算する。十のくらいに 1くり上げる。
→
```
  38
+ 25
  63
```
❸くり上げた 1を わすれずに たして、十のくらいを 計算する。

2 ひっ算を しましょう。

① 15+36
```
  15
+ 36
  51
```
② 27+47
```
  27
+ 47
  74
```
③ 42+39
```
  42
+ 39
  81
```
④ 56+28
```
  56
+ 28
  84
```
⑤ 49+19
```
  49
+ 19
  68
```
⑥ 73+18
```
  73
+ 18
  91
```
⑦ 38+5
```
  38
+  5
  43
```
⑧ 44+7
```
  44
+  7
  51
```
⑨ 9+68
```
   9
+ 68
  77
```

⑦

3 ひっ算を しましょう。

① 47+45
```
  47
+ 45
  92
```
② 38+9
```
  38
+  9
  47
```
③ 18+66
```
  18
+ 66
  84
```
④ 29+43
```
  29
+ 43
  72
```
⑤ 7+26
```
   7
+ 26
  33
```
⑥ 29+32
```
  29
+ 32
  61
```
⑦ 78+19
```
  78
+ 19
  97
```
⑧ 17+38
```
  17
+ 38
  55
```
⑨ 3+88
```
   3
+ 88
  91
```

うんこ文章題にチャレンジ！**2**

ガチガチに かためた うんこを、野きゅうせん手が バットで 39回 たたきました。さらに、テニスの せん手が ラケットで 27回 たたきました。ぜんぶで 何回 うんこを たたきましたか。

ひっ算
```
  39
+ 27
  66
```

しき 39+27=66

答え 66 回

⑧

答え

5 くり上がりの ある たし算の ひっ算②

くり上げた 1は わすれないように、小さく 書いて おくと いいよ。

今日のせいせき まちがいが
😊 0-2こ よくできたね！
😐 3-5こ できたね
💩 6こ～ がんばれ

1 ひっ算で しましょう。

① 27+35
```
  27
+ 35
－－－
  62
```

② 55+29
```
  55
+ 29
－－－
  84
```

③ 6+36
```
   6
+ 36
－－－
  42
```

④ 43+27
```
  43
+ 27
－－－
  70
```

一のくらいの 計算の 答えが 10の ときは、十のくらいに 1 くり上げて、一のくらいに 0を 書くのじゃ。
```
  43
+ 27
－－－
   0
```

⑤ 65+28
```
  65
+ 28
－－－
  93
```

⑥ 59+1
```
  59
+  1
－－－
  60
```

⑦ 46+46
```
  46
+ 46
－－－
  92
```

⑧ 26+58
```
  26
+ 58
－－－
  84
```

⑨ 41+29
```
  41
+ 29
－－－
  70
```

⑩ 14+76
```
  14
+ 76
－－－
  90
```

⑪ 69+13
```
  69
+ 13
－－－
  82
```

⑫ 55+7
```
  55
+  7
－－－
  62
```

⑬ 44+37
```
  44
+ 37
－－－
  81
```

---

2 ひっ算で しましょう。

① 48+16
```
  48
+ 16
－－－
  64
```

② 25+6
```
  25
+  6
－－－
  31
```

③ 54+36
```
  54
+ 36
－－－
  90
```

④ 2+79
```
   2
+ 79
－－－
  81
```

⑤ 33+28
```
  33
+ 28
－－－
  61
```

⑥ 15+69
```
  15
+ 69
－－－
  84
```

⑦ 8+42
```
   8
+ 42
－－－
  50
```

⑧ 32+39
```
  32
+ 39
－－－
  71
```

⑨ 67+13
```
  67
+ 13
－－－
  80
```

テストに出るうんこ

きょ大な うんこの 中を たんけん！

「うんこの どうくつ」
unko no doukutsu

いつかこの 目で 見てみたい！ 大自然が 生んだ うんこ

3

---

6 くり上がりの ある たし算の ひっ算③

ひっ算を する ときは、くらいを たてに そろえて 書く ことを わすれずにね。

今日のせいせき まちがいが
😊 0-2こ よくできたね！
😐 3-5こ できたね
💩 6こ～ がんばれ

1 ひっ算を しましょう。

①
```
  29
+ 62
－－－
  91
```

②
```
  48
+ 14
－－－
  62
```

③
```
  37
+ 38
－－－
  75
```

④
```
  19
+ 77
－－－
  96
```

⑤
```
  51
+ 29
－－－
  80
```

⑥
```
  44
+  8
－－－
  52
```

2 ひっ算で しましょう。

① 47+24
```
  47
+ 24
－－－
  71
```

② 18+62
```
  18
+ 62
－－－
  80
```

③ 27+29
```
  27
+ 29
－－－
  56
```

④ 57+26
```
  57
+ 26
－－－
  83
```

⑤ 39+35
```
  39
+ 35
－－－
  74
```

⑥ 74+17
```
  74
+ 17
－－－
  91
```

⑦ 34+16
```
  34
+ 16
－－－
  50
```

⑧ 87+6
```
  87
+  6
－－－
  93
```

⑨ 9+51
```
   9
+ 51
－－－
  60
```

うんこ先生からの ちょうせんじょう 1

~ う・ん・こ に あてはまる 数は？~

う・ん・こ には、それぞれ 1から 9の 数が 入るよ。
下の 3つの しきから 考えて みよう。

さいしょの しきでは、同じ 数が 3つで 18じゃから、う に あてはまる 数は……。

$$う+う+う=18$$

$$う+こ+こ=14$$

$$う+ん+こ=17$$

∨

あてはまる 数は、う には 6 、

ん には 7 、 こ には 4 。

答え

 **7** かくにんテスト **1**

てん点

今日のせいせき
まちがいが
😊 0〜2こ よくできたね!
😐 3〜5こ できたね
💩 6こ〜 がんばれ

1 答えが 80より 大きく なる しきを
すべて えらんで，記ごうを 書きましょう。
(ぜんぶ できて 10点)

- ㋐ 19 + 63 = 82
- ㋑ 24 + 47 = 71
- ㋒ 35 + 46 = 81
- ㋓ 68 + 11 = 79
- ㋔ 29 + 50 = 79
- ㋕ 44 + 41 = 85
- ㋖ 56 + 23 = 79
- ㋗ 61 + 25 = 86
- ㋘ 31 + 39 = 70

㋐ , ㋒ , ㋕ , ㋘

2 ひっ算を しましょう。
(1つ 3点)

①	63 +12 = 75	②	8 +51 = 59	③	14 +73 = 87
④	76 +23 = 99	⑤	17 +26 = 43	⑥	59 +22 = 81
⑦	35 +35 = 70	⑧	67 +29 = 96	⑨	5 +48 = 53

⑬

3 ひっ算で しましょう。
(1つ 3点)

① 12+22	② 51+36	③ 26+67
12 +22 = 34	51 +36 = 87	26 +67 = 93
④ 48+34	⑤ 13+27	⑥ 3+34
48 +34 = 82	13 +27 = 40	3 +34 = 37
⑦ 23+54	⑧ 57+34	⑨ 68+8
23 +54 = 77	57 +34 = 91	68 +8 = 76
⑩ 6+86	⑪ 74+14	⑫ 17+49
6 +86 = 92	74 +14 = 88	17 +49 = 66

4 つぎの 絵に あう 「大自然が 生んだ うんこ」は どれですか。
(27点)

㋐ うんこの どうくつ
㋑ うんこの 滝
㋒ うんこ湖

⑭

8 100を こえる 数

今日のせいせき
まちがいが
😊 0〜2こ よくできたね!
😐 3〜5こ できたね
💩 6こ〜 がんばれ

💩 1000までの 数を 知ろう。100が いくつ、10が いくつ、1が いくつかを 答えると イメージしやすいよ。

1 □に あう 数を 書きましょう。

① 297 — 298 — 299 — 300 — 301

② 350 — 400 — 450 — 500 — 550

③ 600 — 700 — 800 — 900 — 1000

④ 100を 5こ、10を 3こ、1を 2こ
あわせた 数は、 **532** です。

⑤ 10を 34こ あつめた 数は、 **340** です。

⑥ 100を 10こ あつめた 数は、 **1000** です。

2 620に ついて、□に あう 数を 書きましょう。

① 620は、 **600** と 20を あわせた 数です。

② 620は、700より **80** 小さい 数です。

③ 620は、10を **62** こ あつめた 数です。

⑮

3 たし算を しましょう。

① 70 + 40 = 110
② 60 + 70 = 130
③ 30 + 80 = 110
④ 90 + 60 = 150
⑤ 80 + 70 = 150
⑥ 90 + 90 = 180

4 たし算を しましょう。

① 200 + 5 = 205
② 300 + 200 = 500
③ 600 + 300 = 900
④ 800 + 60 = 860
⑤ 500 + 500 = 1000
⑥ 700 + 90 = 790
⑦ 300 + 2 = 302
⑧ 800 + 200 = 1000

うんこ文章題に
チャレンジ！
3

けんすけくんは、本を 2さつ 読みました。
「青春うんこ日記」は 200ページ、
「わがはいは うんこである」は 500ページ あります。
あわせて 何ページ 読みましたか。

しき 200 + 500 = 700

答え **700** ページ

⑯

答え

9 十のくらいが くり上がる たし算の ひっ算①

今日のせいせき まちがいが
😊 0-2こ よくできたね!
😐 3-5こ できたね
😫 6こ～ がんばれ

💩 十のくらいが くり上がる ひっ算だよ。くり上がった 1を 百のくらいに わすれずに 書こう。

1 74+52の ひっ算の しかたを 考えます。

十のくらい	一のくらい		百のくらい
7 4		7 4	7 4
+ 5 2		+ 5 2	+ 5 2
6		2 6	1 2 6

❶ くらいを たてに そろえて 書く。
❷ 一のくらいを 計算する。

❸ 十のくらいを 計算する。百のくらいに 1 くり上げる。

❹ くり上げた 1を 百のくらいに 書く。

2 ひっ算を しましょう。

①	②	③
1 2	6 1	5 6
+ 9 3	+ 7 5	+ 6 2
1 0 5	1 3 6	1 1 8

④	⑤	⑥
9 5	8 7	3 4
+ 6 4	+ 4 0	+ 7 2
1 5 9	1 2 7	1 0 6

⑦	⑧	⑨
9 3	2 0	4 2
+ 5 0	+ 8 8	+ 8 7
1 4 3	1 0 8	1 2 9

⑰

10 十のくらいが くり上がる たし算の ひっ算②

今日のせいせき まちがいが
😊 0-2こ よくできたね!
😐 3-5こ できたね
😫 6こ～ がんばれ

💩 まちがえた ひっ算は、できるように なるまで 何ども やり直そう。

1 ひっ算で しましょう。

① 42+76

| 4 2 |
| + 7 6 |
| 1 1 8 |

十のくらいの 計算で くり上がった 1を、百のくらいに 書く ことを わすれないように するのじゃぞ。

| 百のくらい |
| 4 2 |
| + 7 6 |
| 1 1 8 |

② 91+30	③ 26+82	④ 62+85
9 1	2 6	6 2
+ 3 0	+ 8 2	+ 8 5
1 2 1	1 0 8	1 4 7

⑤ 54+53	⑥ 60+52	⑦ 37+91
5 4	6 0	3 7
+ 5 3	+ 5 2	+ 9 1
1 0 7	1 1 2	1 2 8

⑧ 86+50	⑨ 14+92	⑩ 43+96
8 6	1 4	4 3
+ 5 0	+ 9 2	+ 9 6
1 3 6	1 0 6	1 3 9

⑪ 34+81	⑫ 90+97	⑬ 83+75
3 4	9 0	8 3
+ 8 1	+ 9 7	+ 7 5
1 1 5	1 8 7	1 5 8

⑲

3 ひっ算を しましょう。

①	②	③
4 5	2 3	5 5
+ 8 3	+ 9 6	+ 9 2
1 2 8	1 1 9	1 4 7

④	⑤	⑥
6 3	1 8	2 5
+ 6 0	+ 9 1	+ 8 3
1 2 3	1 0 9	1 0 8

⑦	⑧	⑨
5 2	7 0	9 4
+ 9 7	+ 8 4	+ 3 3
1 4 9	1 5 4	1 2 7

うんこ文章題に チャレンジ! **4**

「校長先生が うんこを 見せて くれる」と いう うわさが ながれて、校長室の 前に 64人が ならんで います。さらに 55人 ふえました。ならんで いるのは、みんなで 何人に なりましたか。

ひっ算
| 6 4 |
| + 5 5 |
| 1 1 9 |

(しき) 64+55＝119

(答え) __119__人

⑱

2 ひっ算で しましょう。

① 52+71	② 42+65	③ 96+70	④ 46+73	⑤ 90+84
5 2	4 2	9 6	4 6	9 0
+ 7 1	+ 6 5	+ 7 0	+ 7 3	+ 8 4
1 2 3	1 0 7	1 6 6	1 1 9	1 7 4

⑥ 33+95	⑦ 75+60	⑧ 84+32	⑨ 16+93
3 3	7 5	8 4	1 6
+ 9 5	+ 6 0	+ 3 2	+ 9 3
1 2 8	1 3 5	1 1 6	1 0 9

テストに出る うんこ
大自然が 生んだ うんこ
いつかこの 目で 見てみたい!

マグマの かわりに うんこが ふき出る!
『うんこ大火山』
unko daikazan

4

⑳

45

答え

11 くり上がりが 2回 ある たし算の ひっ算①

今日の せいせき
まちがいが
0〜2こ よくできたね！
3〜5こ できたね
6こ〜 がんばれ

一のくらいと 十のくらいが くり上がる たし算の ひっ算だよ。くり上がった 数を わすれないようにね。

1 67+58の ひっ算の しかたを 考えます。

```
  6 7        6 7              6 7
+ 5 8   →  + 5 8    →  百のくらい + 5 8
                2 5          1 2 5
```

❶くらいを たてに そろえて 書く。
❷一のくらいを 計算する。

❶くり上げた 1を わすれずに たして、十のくらいを 計算する。

❶くり上げた 1を 百のくらいに 書く。

2 ひっ算を しましょう。

```
①   1 5     ②   3 6     ③   7 8
  + 9 7       + 8 8       + 5 9
  1 1 2       1 2 4       1 3 7

④   5 7     ⑤   6 4     ⑥   8 1
  + 7 8       + 3 9       + 2 9
  1 3 5       1 0 3       1 1 0

⑦   9 3     ⑧   7 6     ⑨   9 7
  + 8 7       + 7 5       +   5
  1 8 0       1 5 1       1 0 2
```

---

3 ひっ算を しましょう。

```
①   2 6     ②   5 6     ③   7 8
  + 9 4       + 8 5       + 4 4
  1 2 0       1 4 1       1 2 2

④     1     ⑤   4 9     ⑥   3 6
  + 9 9       + 7 2       + 6 4
  1 0 0       1 2 1       1 0 0

⑦   5 4     ⑧   9 9     ⑨   6 8
  + 8 9       +   9       + 9 6
  1 4 3       1 0 8       1 6 4
```

うんこ文章題に チャレンジ！ 5

お父さんの うんこを 木に つるして おいたら、ハトが 48羽、カラスが 67羽 あつまって きました。あわせて 何羽の 鳥が あつまって きましたか。

```
ひっ算
    4 8
  + 6 7
  1 1 5
```

（しき）48＋67＝115

（答え）115 羽

---

12 くり上がりが 2回 ある たし算の ひっ算②

今日の せいせき
まちがいが
0〜2こ よくできたね！
3〜5こ できたね
6こ〜 がんばれ

くり上がりが つづいても、くり上がった 1を わすれずに、くらいごとに 計算しよう。

1 ひっ算で しましょう。

```
① 9 2+2 9
    9 2
  + 2 9
  1 2 1
```

くり上げた 1
くり上げた 1は わすれないように、書いて おくのじゃ。

```
    9 2
  + 2 9
      1

② 5 3+6 9   ③ 9 4+9 7   ④ 1 7+8 9
    5 3         9 4         1 7
  + 6 9       + 9 7       + 8 9
  1 2 2       1 9 1       1 0 6

⑤ 4+9 9     ⑥ 3 3+7 7   ⑦ 7 8+9 6
      4         3 3         7 8
  + 9 9       + 7 7       + 9 6
  1 0 3       1 1 0       1 7 4

⑧ 4 5+6 8   ⑨ 8 7+1 3   ⑩ 7 3+6 8
    4 5         8 7         7 3
  + 6 8       + 1 3       + 6 8
  1 1 3       1 0 0       1 4 1

⑪ 5 6+7 5   ⑫ 9 7+2 7   ⑬ 7 6+6 9
    5 6         9 7         7 6
  + 7 5       + 2 7       + 6 9
  1 3 1       1 2 4       1 4 5
```

---

2 ひっ算で しましょう。

```
① 8 6+2 6   ② 4 9+5 8   ③ 1 3+9 8   ④ 7 1+5 9   ⑤ 9 9+2
    8 6         4 9         1 3         7 1         9 9
  + 2 6       + 5 8       + 9 8       + 5 9       +   2
  1 1 2       1 0 7       1 1 1       1 3 0       1 0 1

⑥ 5 8+9 7   ⑦ 1 6+9 5   ⑧ 6 4+9 6   ⑨ 9+9 9
    5 8         1 6         6 4           9
  + 9 7       + 9 5       + 9 6       + 9 9
  1 5 5       1 1 1       1 6 0       1 0 8
```

テストに 出る うんこ

海の そこに ねむる！
「海てい ジャンボうんこ」
kaitei janbo unko

いつかこの 目で 見てみたい！ 大自然が 生んだ うんこ

5

答え

13 くり上がりが 2回 ある たし算の ひっ算③

今日のせいせき
まちがいが
😊 0-2こ よくできたね!
😺 3-5こ できたね
💩 6こ- がんばれ

💩 まちがえた ひっ算は、できるように なるまで 何ども やり直そう。

☁ **1** ひっ算を しましょう。

```
①   73      ②   74      ③   47
   +38         +89         +95
   ───         ───         ───
   111         163         142

④   59      ⑤   85      ⑥   94
   +46         +67         + 8
   ───         ───         ───
   105         152         102
```

☁ **2** ひっ算で しましょう。

```
① 62+79         ② 46+88         ③ 99+7
     62              46              99
    +79             +88             + 7
    ───             ───             ───
    141             134             106

④ 28+96         ⑤ 57+48         ⑥ 59+74
     28              57              59
    +96             +48             +74
    ───             ───             ───
    124             105             133

⑦ 9+94          ⑧ 65+97         ⑨ 86+49
      9              65              86
    +94             +97             +49
    ───             ───             ───
    103             162             135
```

㉕

14 3けたの 数の たし算の ひっ算①

今日のせいせき
まちがいが
😊 0-2こ よくできたね!
😺 3-5こ できたね
💩 6こ- がんばれ

💩 3けたの 数の ひっ算も、今までと やり方は 同じだよ。百のくらいに 答えを 書く ことを わすれないようにね。

☁ **1** 247+21の ひっ算の しかたを 考えます。

百のくらい	十のくらい	一のくらい

```
   2 4 7            2 4 7
 +   2 1     ➡    +   2 1
 ───────          ───────
                    2 6 8
```

❶くらいを たてて そろえて 書く。

❷一のくらいから くらいごとに 計算する。百のくらいに 2を 書く。

☁ **2** ひっ算を しましょう。

```
①   412      ②   836
   + 53         + 47
   ────         ────
    465          883

③   564      ④    63
   + 27         +724
   ────         ────
    591          787

⑤    28      ⑥   612
   +905         +  8
   ────         ────
    933          620
```

㉗

うんこ先生からの
ちょうせんじょう ②

~ どんな 顔? ~

うんこ先生に いろいろな ものを たすとどう なるかな? 下の ⓐ~ⓒから えらんで、□ に 書こう。

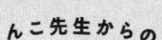

① 💩 + いかり = [ⓐ]

② 💩 + かなしみ = [ⓒ]

どれに なるかな?

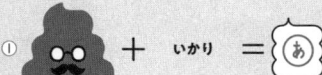

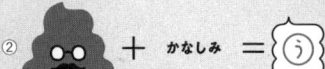
ⓐ   ⓘ   ⓒ

ⓐ~ⓒは、わしに 何を たした 顔かな?

㉖

☁ **3** ひっ算を しましょう。

```
①   124      ②   356
   + 51         + 25
   ────         ────
    175          381

③   419      ④   732
   + 38         +  6
   ────         ────
    457          738

⑤    41      ⑥   863
   +240         +  7
   ────         ────
    281          870
```

うんこ文章題に
チャレンジ！
6

うんこショップで 719円の うんこを 買いました。さいふの 中には、あと 33円 あります。はじめに もっていた お金は 何円ですか。

ひっ算
```
  719
 + 33
 ────
  752
```

(しき) 719+33=752

(答え) 752 円

㉘

47

15

3けたの 数の たし算の ひっ算②

今日のせいせき
まちがいが
☺ 0-2こ
よくできたね!
😐 3-5こ
できたね
💩 6こ〜
がんばれ

💩 数が 大きく なっても、くらいを たてに そろえて 書き、くらいごとに 計算する ことを わすれずにね。

1 ひっ算で しましょう。

① 385＋12
```
  3 8 5
+   1 2
  3 9 7
```

② 427＋34
```
  4 2 7
+   3 4
  4 6 1
```

③ 703＋56
```
  7 0 3
+   5 6
  7 5 9
```

④ 5＋160
```
      5
+ 1 6 0
  1 6 5
```

⑤ 536＋8
```
  5 3 6
+     8
  5 4 4
```

⑥ 841＋53
```
  8 4 1
+   5 3
  8 9 4
```

⑦ 268＋29
```
  2 6 8
+   2 9
  2 9 7
```

⑧ 6＋987
```
      6
+ 9 8 7
  9 9 3
```

⑨ 425＋7
```
  4 2 5
+     7
  4 3 2
```

⑩ 635＋5
```
  6 3 5
+     5
  6 4 0
```

16

3けたの 数の たし算の ひっ算③

今日のせいせき
まちがいが
☺ 0-2こ
よくできたね!
😐 3-5こ
できたね
💩 6こ〜
がんばれ

💩 まちがえた ひっ算は、できるように なるまで 何ども やり直そう。

1 ひっ算で しましょう。

① 281＋17
```
  2 8 1
+   1 7
  2 9 8
```

② 659＋38
```
  6 5 9
+   3 8
  6 9 7
```

③ 713＋37
```
  7 1 3
+   3 7
  7 5 0
```

④ 8＋230
```
      8
+ 2 3 0
  2 3 8
```

⑤ 924＋8
```
  9 2 4
+     8
  9 3 2
```

⑥ 201＋49
```
  2 0 1
+   4 9
  2 5 0
```

⑦ 570＋21
```
  5 7 0
+   2 1
  5 9 1
```

⑧ 35＋726
```
    3 5
+ 7 2 6
  7 6 1
```

⑨ 805＋7
```
  8 0 5
+     7
  8 1 2
```

⑩ 332＋55
```
  3 3 2
+   5 5
  3 8 7
```

2 ひっ算で しましょう。

① 575＋21
```
  5 7 5
+   2 1
  5 9 6
```

② 433＋39
```
  4 3 3
+   3 9
  4 7 2
```

③ 26＋718
```
    2 6
+ 7 1 8
  7 4 4
```

④ 9＋211
```
      9
+ 2 1 1
  2 2 0
```

⑤ 52＋707
```
    5 2
+ 7 0 7
  7 5 9
```

⑥ 669＋21
```
  6 6 9
+   2 1
  6 9 0
```

うんこ文章題に
チャレンジ!
7

権田原先生が、足に おもい うんこを ぶら下げて、さか上がりを 923回 しました。その あと、さらに 68回 しました。ぜんぶで 何回 さか上がりを しましたか。

ひっ算
```
  9 2 3
+   6 8
  9 9 1
```

（しき）923＋68＝991

（答え）991 回

うんこ先生からの ちょうせんじょう 3

〜計算しりとり〜

計算の 答えを つぎの 計算の はじめに 書いて、しりとりを しよう。

```
  2 2
+ 3 1
( 5 3 )
   ↓
( 5 3 )
+ 1 4
( 6 7 )
   ↓
( 6 7 )
+ 1 6
( 8 3 )
```

```
→ ( 8 3 )
  + 1 8
  ( 1 0 1 )
     ↓
  ( 1 0 1 )
  +   2 7
  ( 1 2 8 )
     ↓
  ( 1 2 8 )
  +   2 2
    1 5 0
```

さい後の 答えを 150に できたかな?

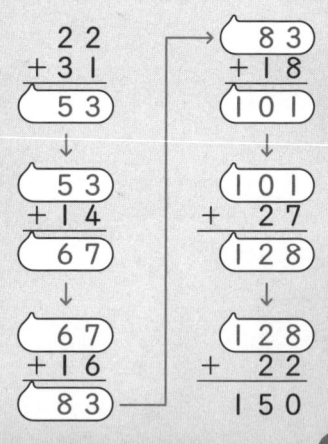

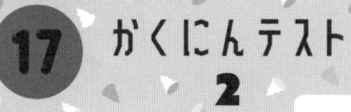

17 かくにんテスト **2**

今日のせいせき まちがいが
😟 0~2こ よくできたね！
😐 3~5こ できたね
😫 6こ～ がんばれ

□点

① たし算を しましょう。 (1つ 2点)

① 40＋90＝ **130**　　② 800＋7＝ **807**

③ 400＋500＝ **900**　　④ 80＋30＝ **110**

⑤ 900＋30＝ **930**　　⑥ 700＋200＝ **900**

⑦ 70＋60＝ **130**　　⑧ 300＋400＝ **700**

⑨ 400＋600＝ **1000**　　⑩ 400＋200＝ **600**

② ひっ算を しましょう。 (1つ 3点)

```
①   32      ②   53      ③   46      ④   72
  ＋93        ＋86        ＋57        ＋40
  ―――        ―――        ―――        ―――
   125         139         103         112
```

```
⑤   98      ⑥   67      ⑦  624      ⑧  301
  ＋34        ＋69        ＋ 63        ＋ 59
  ―――        ―――        ―――         ―――
   132         136         687          360
```

33

③ ひっ算で しましょう。 (1つ 3点)

```
① 61＋47     ② 48＋73     ③ 75＋89
    61           48           75
  ＋47         ＋73         ＋89
  ―――         ―――         ―――
   108          121          164
```

```
④ 95＋97     ⑤ 82＋33     ⑥ 50＋59
    95           82           50
  ＋97         ＋33         ＋59
  ―――         ―――         ―――
   192          115          109
```

```
⑦ 218＋81         ⑧ 145＋35
    218              145
  ＋ 81            ＋ 35
  ―――――           ―――――
    299              180
```

```
⑨ 374＋4          ⑩ 607＋56
    374              607
  ＋  4            ＋ 56
  ―――――           ―――――
    378              663
```

④ つぎの 「大自然が 生んだ うんこ」の 名前を 書きましょう。 (26点)

（答え）海てい **ジャンボ** うんこ

34

18 1000を こえる 数①

今日のせいせき まちがいが
😟 0~2こ よくできたね！
😐 3~5こ できたね
😫 6こ～ がんばれ

💩 10000までの 数を 知ろう。100や 1000の まとまりで 考えると イメージしやすく なるよ。

① 下の 数の線を 見て、□に あう 数を 書きましょう。

① | 5000 | | 8000 | 10000 |
3000 4000 ↓ 6000 7000 ↓ 9000 ↓

② | 8000 | | 9500 |
6500 7000 7500 ↓ 8500 9000 ↓ 10000

③ | 9940 | | 9970 | 9990 |
9930 ↓ 9950 9960 ↓ 9980 ↓ 10000

② □に あう 数を 書きましょう。

① 1000を 4こ、100を 5こ、10を 7こ、1を 9こ あわせた 数は、**4579** です。

② 8065は、1000を **8** こ、10を **6** こ、1を **5** こ あわせた 数です。

③ 1000を 10こ あつめた 数は、**10000** です。

35

③ 5700に ついて、□に あう 数を 書きましょう。

① 5700は、**5000** と 700を あわせた 数です。

② 5700は、6000より **300** 小さい 数です。

③ 5700は、1000を **5** こと 100を **7** こ あわせた 数です。

④ 5700は、100を **57** こ あつめた 数です。

テストに 出る うんこ
大自然が 生んだ うんこ
いつか この 目で 見てみたい！

なぞの 生きものが いるとの うわさ……。

「ウンコウンコ島」
unko unko tou

6

答え

37ページ

19 1000を こえる 数②

何百+何百の 計算は、100を 1つの まとまりで 考えると わかりやすいよ。

1 0,1,2,3,4 の 5まいの カードの 中から 4まいを つかって、つぎの 4けたの 数を 作りましょう。
※ただし、0の カードを 千のくらいに おく ことは できません。

① いちばん 大きい 数 …… 4321
② 2番目に 大きい 数 …… 4320
③ いちばん 小さい 数 …… 1023
④ 3000に いちばん 近い 数 3012

2 たし算を しましょう。

① 600+700=1300　② 300+900=1200
③ 400+800=1200　④ 700+500=1200
⑤ 800+800=1600　⑥ 600+900=1500
⑦ 500+600=1100　⑧ 900+900=1800
⑨ 900+400=1300　⑩ 800+600=1400

39ページ

20 まとめテスト
2年生の たし算

点

1 たし算を しましょう。(1つ 2点)

① 50+90=140　② 400+6=406
③ 600+60=660　④ 70+80=150
⑤ 300+500=800　⑥ 700+900=1600
⑦ 200+600=800　⑧ 300+800=1100

2 ひっ算を しましょう。(1つ 2点)

① 43+52=95　② 38+47=85　③ 65+31=96
④ 2+27=29　⑤ 58+26=84　⑥ 72+19=91
⑦ 9+74=83　⑧ 82+13=95　⑨ 59+37=96

38ページ

うんこ先生からの ちょうせんじょう4

～うんこけしゲーム～

うんこが たくさん おちて いる！ この うんこは 2つ あわせて 100に すると けす ことが できるよ。うんこを すべて けそう。

れい　25 / 20-80-75

たてでも よこでも けせるぞい！

52-48　54　87　23
56-44　46　13　77
29　67　73　59-41
71　33　27　64　50
83　35-65　36　50
17　37-63　22-78

40ページ

3 ひっ算を しましょう。(1つ 2点)

① 87+76=163　② 62+54=116　③ 32+99=131　④ 96+5=101
⑤ 57+58=115　⑥ 29+84=113　⑦ 7+97=104　⑧ 85+93=178
⑨ 98+69=167　⑩ 512+7=519　⑪ 5+629=634
⑫ 458+27=485　⑬ 874+18=892

4 つぎの うち、「大自然が 生んだ うんこシリーズ」に 出てこなかったのは どれですか。(40点)

あ うんこ大火山　い ウンコウンコ島
う うんこの 大木　え うんこの 滝

計算などで
じゆうに
つかおう!

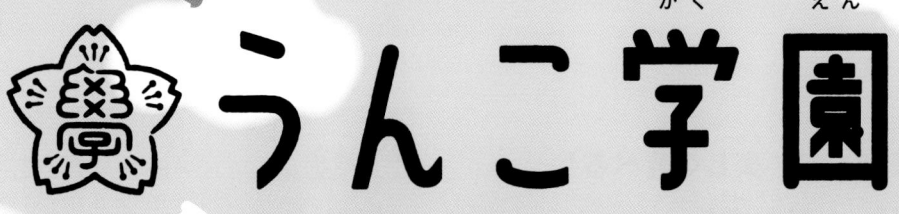

うんこ学園に登録しよう！

笑って遊べる！

楽しく遊びながら学べる「うんこ学園」がスタート！

楽しい学習ゲームやきみも参加できる「うんこイベント」でブリーポイントを集めて、
ここでしか手に入らないうんこグッズと交かんしよう！

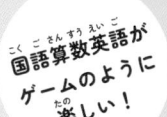
国語算数英語が
ゲームのように
楽しい！

ひらめき
ゲームが
いっぱい！

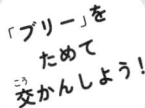
うんこドリル
漢字が
動画で登場！

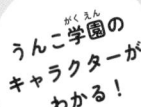
「ブリー」を
ためて
交かんしよう！

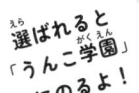
うんこ学園の
キャラクターが
わかる！

選ばれると
「うんこ学園」
にのるよ！

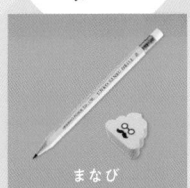
まなび

あそび

うんこどうが

ブリーグッズ

うんこキャラクター

うんこイベント

おうちの人にQRを
読んでもらって
登録するのじゃ！

Sansu

unkogakuen.com

うんこ学園 🔍

LINE公式
アカウントも
チェック！

LINE公式
アカウントで
最新情報を
配信中！

うんこ学園 が楽しい理由

その1

楽しく学んで、楽しく遊べる！学習ゲームが登場！

「うんこ学園」には、うんこドリルが進化した
「まなび」「あそび」コンテンツがあるよ！
うんこで笑って楽しく勉強しよう！

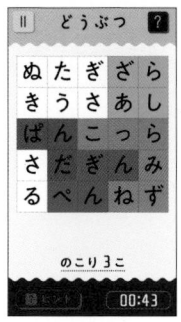

うんこ10 　　　なまえさがし

その2

ブリーをためて、オリジナルのブリーグッズをゲットしよう！

「うんこ学園」でためたブリー（ポイント）は、
オリジナルのブリーグッズと交かんできるよ！

※ブリーグッズ／デザインは変わることがあります。

うんこステッカーもりあわせ　　　うんこ文ぼうぐセット

ひらけ！
金のうんことけい　　　うんこリュック

🏠 おうちの方へ

うんこ学園
【やる気・好奇心・自主性】
うんこを通じて
「まなび」を「よろこび」に変える。

まなび【知識・技能】
- 国語 正確性
- 算数 スピード
- 英語 表現力

あそび【思考センス】
- 観察
- 推理
- 図形感覚

『うんこ学園』のメインとなる学びコンテンツをリリースしました。うんこドリルで培った笑いのノウハウとデジタルの良さを融合した新しいコンテンツです。

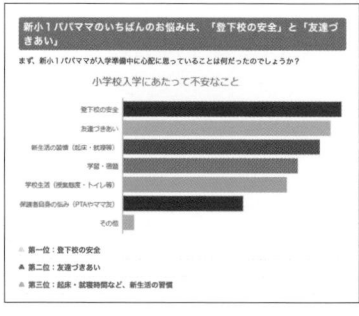

新小1パパママのいちばんのお悩みは、「登下校の安全」と「友達づきあい」

まず、新小1パパママが入学準備中に心配に思っていることは何だったのでしょうか？

小学校入学にあたって不安なこと

- 登下校の安全
- お渡づきあい
- 新生活の習慣（起床・就寝等）
- 学習・勉強
- 学校生活（授業制度・トイレ等）
- 保護者目線の悩み（PTAやママ友）
- その他

■ 第一位：登下校の安全
▲ 第二位：友達づきあい
● 第三位：起床・就寝時間など、新生活の習慣

日本一の「ほごしゃ会」を目指す保護者情報コンテンツがOPENしました。役立つ先輩保護者の声がたくさんのっています！是非ご覧ください。

うんこ動画配信中！

うんこ学園動画 🔍

うんこ学園動画は
こちら▼

チャンネル登録は
こちら▼